白神どうぶつ讃歌
～白神の森で出あった動物たち～

小原　良孝　著

弘前大学出版会

表紙について
2011年7月23日白神山地大川源流部のタカヘグリまで渓流を探訪する機会に恵まれ，白神の渓流遡行を体験しました。渓流の両岸に屹立する岩壁に圧倒されました。感動！岩肌には無数のダイモンジソウがへばりつくように息づいており，ツガルミセバヤにも初めて出あい，渓流を泳ぐカジカガエルやアズマヒキガエルなど，よい出あいがたくさんありました。

はじめに

　白神山地は青森県の南西部（鰺ヶ沢町・深浦町・西目屋村）と秋田県の北西部（藤里町・八峰町）にまたがる約130,000 haに及ぶ山域です。古来より天然のブナ林をいだく深山幽谷の山地として，自然そのままの姿をとどめてきましたが，1980年代に入り白神山地を南北に縦断するいわゆる青秋林道の建設問題で白神山地の森林保全が危惧されるようになりました。この林道建設に関しては，青森県側でも秋田県側でも建設反対の声が高まり，「青秋林道に反対する連絡協議会」も設立され[1]，全国的に注目されることになりました。この反対運動を契機に一般県民にも行政側にも次第に白神山地の自然環境を保全・保護しようという意識が醸成され，1989年青森・秋田両県は青秋林道建設を正式に中止したのです[1]。国も白神山地の林道建設中止決定を重く受け止め，大胆な方針転換に踏みきり，翌年には林野庁が白神山地の主要部分（17,000 ha）を「森林生態系保護地域」に，さらに2年後には環境庁（現環境省）がほぼ同じ区域を「自然環境保全地域」に指定するに至りました[2][3]。このような経緯を経て1993年12月，上記の森林生態系保護地域が鹿児島県の屋久島とならんで，日本で初めての世界自然遺産に指定されました[4]。指定の理由は"人為的な影響をほとんど受けていない世界最大級の原生的なブナ林が分布し，多種多様な動植物が生息・自生するなど貴重な生態系を形成している"ということです。

　筆者は1963年に弘前大学文理学部理学科に入学し生物学を専攻しましたが，在学中に"西目屋の奥に弘西山地（白神山地の古称）があり，そこに端を発する暗門川の源流部に3段に連なる暗門の滝というすごい滝があるそうだ"という話を聞き，学友と二人で白神山地に入山したことがありました。険しい岸壁に挟まれた暗門川源流部は深い霧につつまれ，ブナや松の老樹の枝や樹皮に地衣類のサルオガセが長く垂れ下がり，まさに鬱蒼とした原生林のようでした。大学を卒業後，北海道大学大学院理学研究科を経て，1974年弘前大学に奉職することになりまし

た。分野は哺乳類の細胞遺伝学で，ネズミやモグラ・イタチなど小型哺乳類の染色体を分析し，その数や形態から類縁関係や系統進化を探るのです。本書ではその研究内容については触れませんが，興味のある方は本書主要著書欄（p.98）の『染色体から見える世界 哺乳類の核型進化を探る』（2018）をご覧ください。

　2009年3月，農学生命科学部を最後に35年ほど勤めた弘前大学を定年退職し，染色体研究から完全に身を引きました。講義の義務や野生動物の採集から解放されたこともあり，退職後はカメラだけをかかえ白神山地に出かけては気が向くままに山野を歩きまわり，そこに息づいている動物たちの写真や動画を撮りはじめたのです。幸いなことに筆者が定年退職したその年の秋，白神山地の東側玄関口に当たる川原平の奥に弘前大学白神自然観察園が開園し，この観察園をベースに白神の森をあちこち探索することができるようになり，またその翌年開設された白神自然環境研究センターの調査研究活動や自然観察会（牧田肇弘前大学名誉教授主催）などにも同行させていただいたりして，いろいろな動物の生態写真を撮るチャンスに恵まれました。

　筆者が弘前大学を退職した2009年から弘前を離れ仙台に転居する2012年秋までの3年半に白神の森で出あい写真に収めた動物たちは未同定のものを含め137種になりました。本書はこれら137種の中から写真掲載できそうな57種（未同定6種含む）をピックアップし，簡単な解説を加え紹介するものです。未熟な写真ばかりで紹介に値するほどではありませんが，これまで白神山地の多種多様な動物にわたって幅広く写真紹介している市販の本は見あたらないので，一般の多くの人に世界自然遺産を擁する白神山地のいろいろな動物を知っていただけるのではないかと期待し出版するものです。本書で紹介される動物は白神山地に生息する動物のほんの一部で，ごく普通に見られるものばかりです。限られた種の動物たちだけですが，本書を通して白神山地の自然の豊かさ，そこに息づいている生き物たちの多様性を読み取っていただければ幸いです。

小原　良孝

目　次

白神山地の範囲
しらかみさんち　はんい

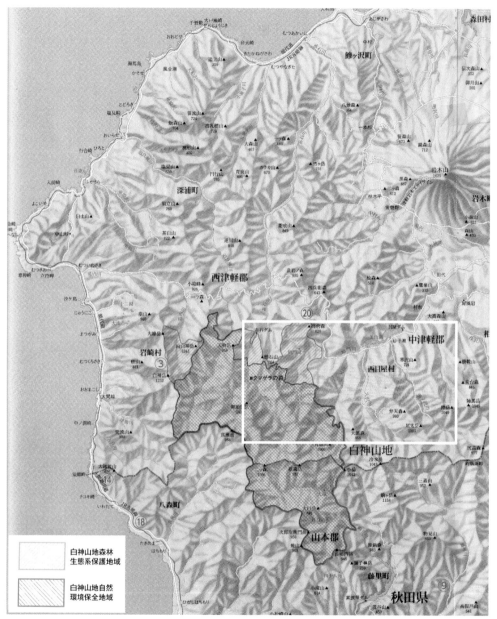

白神山地森林
生態系保護地域

白神山地自然
環境保全地域

（出典：青森銀行創立50周年記念『白神山地 SHIRAKAMI』（牧田肇監修 江川正幸写真）株式会社青森銀行発行 1993年10月（非売品）より改変）

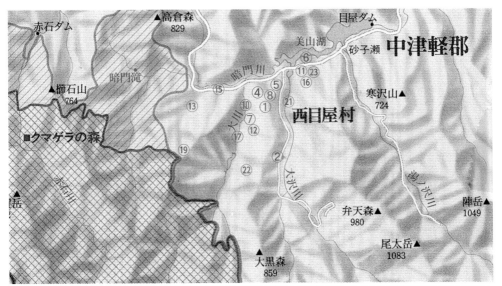

（出典：青森銀行創立50周年記念『白神山地 SHIRAKAMI』（牧田肇監修 江川正幸写真）株式会社青森銀行発行 1993年10月（非売品）より改変）

① 白神自然観察園
② 大沢林道
③ 白神岳山頂尾根
④ 広泰寺裏の雑木林
⑤ 広泰寺のスギ並木参道
⑥ 砂子瀬遺跡
⑦ 大川河畔スギ林
⑧ 広泰寺池

⑨ 藤里町横倉
⑩ 大川の河原
⑪ 川原平
⑫ 大川林道
⑬ 大割沢川
⑭ 八峰町お殿水
⑮ 白神ライン路上
⑯ 芦沢の谷川

⑰ 大川渓流
⑱ 八峰町八森
⑲ 大川源流鍋倉森
⑳ 津軽峠
㉑ 大沢川河畔
㉒ 大川支流川原沢
㉓ 砂川学習館の空き地

　白神山地の範囲を明確に線引きして示した文献は見当たりませんが牧田肇弘前大学名誉教授の見解によると，西は日本海の海岸，北は千畳敷のある大戸瀬崎，東は大戸瀬崎と青森秋田両県の県境にある釣瓶落峠を結ぶ線，南は秋田県山本郡藤里町の素波里ダム付近となっています[5]。

　上の地図は前のページの白神山地の範囲地図内の白枠部分を拡大したものです。地図に記されている丸囲み数字は付表1〜2（pp.96-97）にあげられている動物の撮影場所を示したものです。

弘前大学農学生命科学部附属 白神自然環境研究センターと白神の山々

冬の白神自然環境研究センター
教育研究棟
2011年1月27日

　　白神自然環境研究センターは，動物部門，植物部門，気象・地象部門，教育・文化部門の4部門を掲げ調査研究を進めています。白神自然観察園および教育研究棟は，白神山地の自然環境を追求するために設置されました。

不識の塔の上から見た冬の白神
2011年2月24日

　　弘前大学 白神自然観察園中心部の尾根の上に建つ不識の塔の上から見た白神の山々。写真中央辺りに広泰寺へのスギ並木参道があり，その左手にこげ茶色の屋根が見えているのが白神自然環境研究センター教育研究棟です。ちなみに，不識の塔とは西目屋村の齋藤主が川原平開拓記念碑として造営した高さ20.8メートルのレンガ造りの塔（大正元年（1912年）完成）で，上杉謙信の法号である「不識庵謙信」にちなむといわれています[6]。

弘前大学白神自然観察園

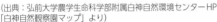

（出典：弘前大学農学生命科学部附属白神自然環境センターHP
「白神自然観察園マップ」より）

初夏の白神自然観察園
2009年6月2日

　萌黄色につつまれる初夏の白神自然観察園。園内には白神自然環境研究センター教育研究棟から尾根までを一巡できる遊歩道と東屋が整備され，一般にも公開されており，どなたでも見てまわることができます。

　白神山地には絶滅危惧種に指定されているイヌワシやクマゲラなどの希少な鳥類や天然記念物・モモンガ，国の特別天然記念物・ニホンカモシカなど貴重な動物種が数多く生息していますが，土壌動物や移動能力の低い無脊椎動物などは別として，白神山地にしかいないというような固有の動物はいません。とはいえ，世界自然遺産を擁する白神山地は人の手があまり入っていない広大な自然が保存され，多様な動植物が生息自生しており，この多様性こそが白神山地の特徴となっています。

　本書で紹介する動物たちはすべてこの白神自然観察園とその周辺の山々で出あったものばかりです。

広泰寺と広泰寺池

広泰寺池とその周辺の自然環境　　　　　　　　2009年5月24日

　本書では広泰寺池とその周辺の動物がしばしば登場しますので，参考までに広泰寺池周辺の自然環境をまず，説明します。この池は直径10メートルくらいの小さな池ですが，まわりの環境もよく夏でも枯れて干上がるようなことがないので，マルタニシやクロサンショウウオ・アカハライモリ，オオヒメゲンゴロウなどいろいろな種類の水生動物が生息しています。

　奥に見えるのが広泰寺で，池の水面に広泰寺の屋根が映えているのが見えます。広泰寺は白神自然観察園の北側に接する位置にあり，広泰寺池の手前側が白神自然観察園になります。ちなみに，広泰寺は明治44年，齋藤主が米沢市の上杉謙信ゆかりの曹洞宗広泰寺が廃寺同然となっているのを川原平へ移して再興したお寺で[6]，赤レンガ造りの和風かつ洋風・中国風の特異なムードを漂わせています。

白神どうぶつ讃歌

～白神の森で出あった動物たち～

ニホンザルのペア

白神自然観察園にて　　　　　　　　　　　　2010年10月6日

　白神自然観察園の東側林縁でグルーミング中のニホンザルのペアに出あいました。暖かな陽だまりの中で，横になってまどろみながらグルーミングしてもらっているオスザルの姿は微笑ましく，まさに至福のひと時を楽しんでいるようでした（写真上）。グルーミングとはいわゆる毛繕いのことで，体を清潔に保つための習性です。この後引き続いて背中もグルーミングしてもらっていました（写真下）。しばらくしてもう一度振り返って見たら，今度はオスザルがグルーミングのお返しをしているようで，サルの世界にもお互いを慈しむ心があるんだなあと，ほのぼのとした気持ちになりました。このようなグルーミングはサルの愛情表現だという人もいますが，それも有りかもしれません。

　白神自然観察園の内外を問わず，この辺りは四季を通してニホンザルの群れが餌を求めて移動しているのをよく見かけました。厳寒の冬でも活発に活動しており，コシアブラなどの木に登り樹皮をかじり剥がして食べているシーンにも出あったりしました。

まもなく冬を迎えるニホンザルの親子

大沢林道沿いの斜面に倒れている倒木の上に並んで座っているニホンザルの親子がいました。一般に仔ザルとは４歳齢あたりまでをいうようですが，この仔ザルは体格から見て３歳齢でしょう。親子とも真剣なまなざしで同じものを見ているようです。親子同じスタイルで並んで座り，何か音が聞こえたのか，右へ左へと一緒に視線を移す姿は何とも可愛らしく，しばし見とれてしまいました。

白神自然観察園東側林縁の大沢林道にて　　　2010年11月17日

もうすぐ冬眠に入るヤマネ

白神自然観察園にて　　2010年10月19日

　秋たけなわのこの日，広泰寺参道の大きなドイツトーヒの根元の辺りでヤマネがうろちょろしていました。ふだんは俊敏そのものでそんなにのろい動きではないのですが，その日は気温が低かったためか動きがやたらと緩慢でした。そろそろ冬眠も近いようです。ひょいとつまんで近くの木の枝の上にのせたら，すぐに枝の下側の方へ隠れるように移動しました。ヤマネは天敵などにつかまらないように枝の下面を伝うように移動する習性があるといいます。陽が落ちて暗くなりかけていて月の光がふりそそぎ，ヤマネの背中の長い体毛が幻想的に輝く印象深いショットとなりました。

川原平部落の移転跡地で出くわしたアナグマの老獣

（出典：弘前大学白神自然研究所編著『白神自然観察園の動物(2)フィールドサイン』弘前大学出版会発行 2012年）

川原平にて　　　　　　　　　　　　　　　　　2010年5月16日

　当時の川原平部落は2016年の津軽ダム竣工により，津軽白神湖（通称，美山湖）に水没してしまいました。ダム工事に伴い部落の移転が進み，2010年にはすでに廃村となっていて家屋もほとんど取り壊され，住人はいませんでした。アナグマやニホンザルなどがわがもの顔に歩きまわっていて，この日たまたま移転跡地の一角でアナグマの老獣に出あいました。白神自然環境研究センターの中村剛之教授と車で通りかかり，助手席に乗っていた彼がとっさにダッシュボードに置いてあったカメラを手に取り撮ってくれたものです。写真を撮られたこのアナグマ，一瞬こちらをひと睨みしてとことこ走り去っていきました。

ノスリ

おおさわりんどう
大沢林道にて

2010年2月28日

　ノスリはタカの仲間で，白神山地ではふつうに見られる中型の猛禽類です。ワシのような大型の猛禽類と違い，おもに野ネズミやヘビ・トカゲ・昆虫などの小動物をとらえ食べます[7]。翼下面は全体的に白基調ですが，翼先端部の長い羽（いわゆる手羽）の先端側半分と翼前面中央部が黒い羽となっており，翼下面の特異な紋様から飛翔中でもノスリだと識別できます。

カワガラス

大割沢川にて <small>おおわりさわがわ</small>　　　　　　　　　　　　2009年9月30日

　カワガラスは全身黒っぽい羽毛でおおわれているというのがその名前の由来ですが，カラスの仲間ではありません。系統学的にはツグミ類やヒタキ類に近い鳥です[8]。白神山地では渓流沿いを歩けばどこでも出あうので，アカショウビンやキセキレイ・ヤマセミなどと同様，渓流の野鳥といわれ，渓流の河原で腰を上下に振りながら移動している姿をよく目にします。素潜りの名人で，渓流の流れのはやい水面でも巧みに泳ぎながら首を水中に入れて覗き込み，しばしば水に潜ってカゲロウやカワゲラなどの幼虫，サワガニなどの甲殻類，さらには小魚まで捕食します。

カワラヒワ

白神自然観察園にて　　　　　　　　　　2010年4月22日

　カワラヒワはスズメの仲間で，大きさもスズメと同じくらいです。その名は"河原周辺で暮らす鶸"ということに由来しています。カワラヒワは白神山地に多いということではなく，里山などの森林でもよく見られ，平地の林や草地，農耕地，市街地の公園などさまざまな環境で見られます。白神山地の渓流域ではカワガラスをはじめアカショウビンやセキレイ，ヤマセミ，シノリガモなどいろいろな種類の渓流の野鳥が多く見られます[2]。野鳥に詳しい人の案内で大川や大沢川・暗門川などの渓流を遡行すれば，想像以上に多くの渓流野鳥に出あえるでしょう。

秋田県八峰町お殿水にて

2009年8月19日

尾が再生中のニホントカゲ

　ニホントカゲは自分の身に危険が及ぶと，自分で尾を切り，ピクピク動く切断した尾に気を取られている敵をしり目に逃げ延びるといいます。この現象を自切といいますが，切れた部分から新たな尾が容易に再生するようで，再生中の個体に出くわすこともあります。この写真は八峰町"お殿水"湧水の近くの岩の上で休んでいるニホントカゲを見つけ，尾が短いトカゲだなと思い撮ったものです。よく見ると自切した亜成体で，自切してから何日くらい経ったのかわかりませんが，順調に尾を再生しているようで，ほっとしたものです。ニホントカゲは背中と体側を走る5本のだいだい色のラインが特徴ですが，幼体だけが持つコバルトブルーの美しい尾も記すべき特徴の1つです。

河原の岩の上で日向ぼっこするニホンカナヘビ

大川の河原にて

2011年6月25日

　暗門川の支流の一つである大川沿いの河原で日向ぼっこをしているニホンカナヘビに遭遇しました。陽だまりの岩にへばりついて体を温めているようで，じっとしていてしばらく動くこともなく，おかげでよいシャッターチャンスに恵まれました。ニホンカナヘビは日本固有種で成体は25センチメートルくらいにもなり，体（全長）の2/3以上を占めるほどの長い尾を有しています。ニホントカゲと同じようにニホンカナヘビにも自切の能力があり，敵に攻撃されると身を切るように自分の尾を切り逃げ去るのです。

大川渓流のほとりでジムグリに遭遇！

大川河畔スギ林にて

2010年8月30日

　暗門川にそそぐ大川渓流沿いを大川橋から２キロメートルほど遡った辺りのけもの道で，倒木の上でまどろんでいる（？）１メートル以上もありそうなヘビに出くわしました。突然ばったり目の前にヘビが！ということで，心臓がバクバクするほどびっくりしました。幸い，そのヘビは元来おとなしいヘビらしく，ほとんど動かずじっとこちらを見ているだけした。そこで私も少し落ち着きをとり戻しじっくり眺め，やっとジムグリだと認識しました。

　ジムグリの成体はふつう赤みがかった茶褐色ですが，個体によって色具合は違うようで，この個体は赤みの少ないこげ茶色でした。頸部は頭部と同じ程度の太さで，毒ヘビにあるような"エラ"（両顎の膨れ）がほとんどありません。頭部と胴体の境目がはっきりしないというのがジムグリの特徴ですが，これはジムグリが半地中性で，林床にできている穴や隙間に潜る習性があり，地中で生活していることが多いことと関係するのかもしれません。下の写真はその特徴を確認できるよう体前半部をズームアップしたものです。"地潜り"というのがジムグリという和名の由来で，ジモグリとも呼ばれます。この写真を撮って４〜５分ぐらいだったでしょうか，"長い見つめ合い"が続いた後，このジムグリはすぐそばの大木の根元にある穴にゆっくりと滑るように潜り込み，姿を消しました。

白神ラインの路上で体を温めるニホンマムシ

白神の森で出あった脊椎動物（爬虫類と両生類）

大川橋近くの白神ライン路上にて　　　　　　　　2010年9月9日

　秋の気配がしのびよる白神ラインの大川橋近くの路上で
ニホンマムシを発見！ミズナラやトチの樹がトンネルのよ
うに覆いかぶさる道路に木漏れ日が差し，その陽だまりの
中に50〜60センチメートルくらいのずんぐりむっくりし
たヘビがいたのです。体を温めていたのでしょうか，とて
も幻想的でした。車で走行中7〜8メートルくらい前でヘ
ビに気がつき，急いで車を止めカメラを手にそっと車を降
り，おそるおそる近づきズームアップし撮影したものです。
　眼の辺りから後方に延びる黒い線（眼線）がこのヘビの
特徴です。この写真はちょっと暗いのでわかりづらいです
が，体の表面をリング状に走る白い紋様の間に見えるいわ
ゆる銭型紋様（黒っぽい丸に黒の中点）もこのヘビの特徴
です。猛毒のヘビですので，山を歩くときはこの特徴を覚
えておき，見かけたらそっと離れるに越したことはありま
せん。

白神の森で出あった脊椎動物（爬虫類と両生類）

次々と孵化（ふか）するクロサンショウウオの外鰓幼生（がいさいようせい）

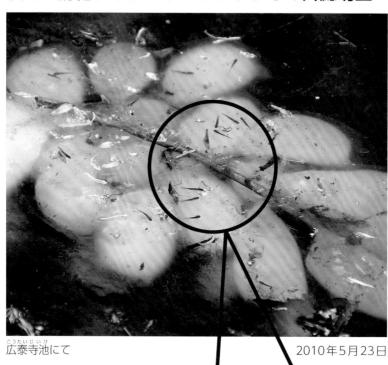

こうたいじいけ
広泰寺池にて

2010年5月23日

　4月も中旬の頃になると，広泰寺池ではクロサンショウ
ウオがたくさん集まり水中の枯れ枝などに対をなして卵嚢
を産みつけます。枯れ枝の長さにもよりますが，1本の枯
れ枝に10対以上もの卵嚢が連なって産みつけられている
こともあります。産卵直後ピンク色がかった小さな卵嚢は
すぐに水を吸収膨潤し，マシュマロのような真っ白な卵嚢
（長径5〜6センチメートル）となり，水面に白い花が咲
いたようにたくさんの卵嚢群を見ることができます[9]。筆
者が訪れたときは大小17〜18個ほどの卵嚢群を数える
ことができました。それぞれの卵嚢には30〜40個の卵
が入っているといわれています。
　写真上：孵化して卵嚢の表面に出てきた外鰓幼生たち。
孵化後しばらくは卵嚢ジェリーにくっつくようにとどまっ
ていますが，やがて自由に泳ぎ出します。
　写真下：写真上の一部拡大。ほんの1センチメートルば
かりの小さな幼生で，未だ手も足もできていませんが，よ
く見ると3対の外鰓がすでにできているのがわかります。
外鰓は卵膜を破って孵化する前にできていて，幼生は卵膜
の中にいる時から動きはじめているのです。

白神の森で出あった脊椎動物（爬虫類と両生類）

人面幼生とも呼ばれるハコネサンショウウオ

芦沢の谷川にて　　　　　　　　　　　　　　　　　　　　　　2011年5月9日

芦沢の谷川にて　　　　　　　　　　　　　　　　　　　　　　2011年6月14日

　美山湖のほとりに位置する芦沢部落の砂川学習館（2016年の津軽ダムの完成に先立ち水没区域となり，閉鎖解体されました。館内の展示資料等は西目屋村中央公民館に移管展示されています。）近くの谷川で，ハコネサンショウウオの幼生に出あいました。ハコネサンショウウオの幼生は真正面から見ると人面魚のような顔に見えるので，人面幼生とも呼ばれています。この写真でははっきり見えませんが，幼生の前肢・後肢の指先には真っ黒な鉤爪がついています。谷川の流れに押し流されないよう鉤爪が発達しているのでしょう。成体になり陸上生活になると鉤爪はとれてしまいます。ハコネサンショウウオの幼生も外鰓を持っており，鰓呼吸で3年ほど渓流生活し，やがて陸にあがり成体となりますが，肺ができないので一生皮膚呼吸で生活します。

　左下の写真は，青森県総合社会教育センターの"あすなろマスターカレッジ"で講師として招かれ，上の写真と同じ場所でシニアの皆さんと一緒にハコネサンショウウオを観察し，その食性や生息状況などを説明しているところです（右端が筆者）。

白神の森で出あった脊椎動物（爬虫類と両生類）

32

大川渓流の淀みを平泳ぎで渡るアズマヒキガエル

おおかわけいりゅう　よど　　ひらおよ　　わた

大川渓流にて　　　　　　　　　　　　2011年7月23日

　白神山地核心部の青鹿岳の西方に端を発する大川の渓流。その源流部の手前4〜5キロメートル辺りに大川渓流最大の難所"タカヘグリ"があります（表紙写真参照）。このカエルは大川渓流の両岸に切り立つ黒壁のタカヘグリを目指して渓流遡行しているときに出あったアズマヒキガエルです。大きな岩のかげで波のない透きとおるような水面を気持ちよさそうに平泳ぎで泳いでいる姿は何とも微笑ましい限りでした。この時季，渓流に産卵するヒキガエルの仲間にナガレヒキガエルも知られていますが，中部地方西部と近畿地方の山地にのみ生息するとされ，青森県での記録はありません。渓流を泳いでいたので，ナガレヒキガエル発見か！と胸が高鳴りましたが，立派な鼓膜がついていて高地型のヒキガエルでした。天気も良く気温が高かったからでしょうか，ここ大川渓流では頻繁にアズマヒキガエルを見かけました。

白神の森で出あった脊椎動物（爬虫類と両生類）

笹の葉上でひと休みのニホンアマガエルの仔ガエル

八峰町八森にて   2009年8月19日

　　アマガエル科の樹上に棲むカエルで，前肢後肢の指先に吸盤が発達しています。写真の個体は全身的にきれいなグリーンですが，体色や紋様が多様でこれがアマガエルかと思うほどいろいろ変化があります。体色変化が容易で，生息場所の環境によってさまざまな体色・紋様に変わるといいます[10]。ただ，鼻孔から目－鼓膜－前肢のつけね辺りまで連なる黒いラインは一定で変わらず，本種同定の指標になっています。

タゴガエルの成体

大川渓流・タカヘグリにて   2011年7月23日

　タゴガエルは青森県では低山地から山地の落葉広葉樹帯の林床に多くみられるアカガエル属のカエルで，同じ属のヤマアカガエルやニホンアカガエルとよく似ています。3種とも背面両側に走る背側線隆条を有し，タゴガエルとヤマアカガエルでは鼓膜の辺りで外側に曲がり，ニホンアカガエルでは曲がることなくまっすぐ伸びるといいます[25][26]。左の写真では背側線隆条がまっすぐのように見えますが，カメラアングルを変えた右の写真では鼓膜の辺りで外側に曲がっているのが分かります。したがって，この個体はタゴガエルかヤマアカガエルということになります。上の写真を広島大学両生類研究センターの三浦郁夫先生に見ていただいたところ，"この個体の場合，決め手は背中に見える白っぽい大きなシミのような斑模様にあります。このような斑模様はタゴガエルに特有なものですので，タゴガエルということになります"とご教示いただきました。

白神の森で出あった脊椎動物（爬虫類と両生類）

樹上産卵ガエル・モリアオガエル

（出典：弘前大学白神自然研究所編著『白神自然観察園の動物(1)概要編』弘前大学出版会発行 2011年）

広泰寺池にて

2009年6月7日

　モリアオガエルはニホンアマガエルと同様に指先に吸盤がついており，自在に木に登ることができ，日本では唯一の樹上産卵ガエルとしてよく知られています。5月下旬ともなると，広泰寺池にはモリアオガエルが集まってきますが，この時季メスが背中にオスをおんぶし，池に張り出している木を登っていく姿をよく見かけます。これは抱接中のカップルで，葉がついている枝先まで行き産卵を始めます。卵塊を産みつける樹種は決まっていないようで，ヤマモミジやスギ，コシアブラ，ヤマグワなどいろいろな樹種の水面に覆いかぶさるような枝を選んで産卵します。産卵がはじまると1匹のメスに数匹，時には10匹近くのオスがぶら下がり，産卵された卵に精子をかけ両足でしきりにかき回して泡立て白い泡状の卵塊にします。直径10〜15センチメートルほどの卵塊の中には黄白色の卵が数百個入っています（矢印A）。左側の枝にもうひと組の抱接カップル（矢印B）と産卵に合流しようとするオスガエル2匹（矢印C），右下にもう一組の産卵中のカエル（矢印D）も見えます。

オオナミザトウムシ

大川の河原にて

2011年10月9日

　ザトウムシはザトウムシ目に属する節足動物の総称で，一見クモ類に似ていますが，クモの仲間ではありません。米粒に8本の髪の毛のように細くて長い脚がついたような特異的な姿をしているので，ザトウムシの仲間であることは容易にわかりますが，種の同定に関しては難しいところがあり，ザトウムシ専門の研究者でないと種名まではわからないことが多いのです。多くは森林にすみ，低木や草の上・岩陰などで生活しています。脚の長さも含め大人の手のひらよりも大きいくらいです。

　写真のザトウムシは大川渓流の河原で岩の上を細長い脚でゆっくり揺れるように歩いているところを撮ったものです。やはり種名はわかりませんでしたので，ザトウムシ研究の第一人者としてよく知られている鶴崎展巨鳥取大学名誉教授に写真画像を送って同定していただいたところ，オオナミザトウムシということでした。全国的に広く分布し，低山帯から山地にかけての森林にふつうに見られるザトウムシです。

白神の森で出あった無脊椎動物（クモガタ類）

渓流のほとりで初秋を謳歌するアジアイトトンボ

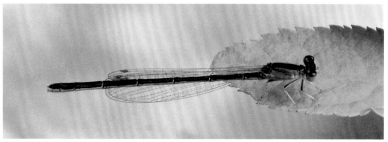

大沢川河畔にて　　　　　　　　　　　　　　　　　　2011年9月10日

　白神山地の大沢川沿いの湿地で，ラッキーにもオス（写真上）とメス（写真下）のアジアイトトンボに出あいました。腹部末端の第9・10節に青いリングの紋様が入るのがオス，この青いリングがないのがメスです。アジアイトトンボは体長3センチメートル弱ぐらいのイトトンボの仲間です。青森県では平地の池や沼・遊水池などのほとりの草地でふつうに見られるアジアイトトンボですが，白神山地でも沼地や湿原などではよく目にします。

羽化直後のオニヤンマ

広泰寺池にて　　　　　　　　　2010年8月22日

　オニヤンマは体長（頭部先端から腹部末端まで）10セ
ンチメートル前後の日本では最大級のトンボです。大きい
トンボなので，目に留まることも多く，水から上がって草
の茎や葉にしがみついているヤゴ（幼虫）の羽化シーンを
目にすることもあります。この日朝9時，広泰寺池の傍で
オオマツヨイグサの萼筒にしがみついている羽化直後のオ
ニヤンマに出あいました。写真では前翅・後翅がないよう
に見えますが，これは翅欠損個体ということではありませ
ん。胸部背面の辺りに何やら半透明のちぢれたような小さ
な膜状のものがついているのが見えますので，これから
展翅が始まるところのようです。しばらくするとぴんと
張った翅となり羽ばたきを始めるでしょう。無事展翅祈
念！

赤トンボ２種　　マユタテアカネ

八峰町八森にて
（はっぽうちょうはちもり）

2009年8月19日

　平地から山地にかけ全国的に広く分布するごくふつうの
“赤トンボ”の仲間です。マユタテアカネはオス・メスと
も顔面中央辺りについている眉を縦に立てたような黒い縦
長の斑紋（眉斑）がついていて，和名の“マユタテ”はこ
こからきています。この眉斑がこのトンボを同定する指標
になっていますが，この写真では顔が見えないアングルな
ので確認できませんでした。ただオスの場合，腹部が全長
にわたって赤いのに加えて，胸部背面を含め翅のつけ根の
あたりも赤くなります。念のため青森県トンボ研究会の
奈良岡弘治会長に見てもらったところ，この特徴がはっき
りしており，マユタテアカネのオスで間違いないとのこと
でした。

ナツアカネ

白神自然観察園にて　　　　　　　　　　　　　2010年8月22日

　ナツアカネは若い個体ではオス・メスとも黄褐色ですが，成熟したオスは夏でも顔面から胸部・肩・尾の先まで全体的に赤くなります。こちらも念のため，青森県立郷土館元学芸員の山内智先生に確認していただきました。

エゾゼミ

大川源流鍋倉森にて

2010年7月24日

エゾゼミは森林性のセミで，クマゼミに近い仲間です。頭部先端から翅端までの全長が6.5センチメートルほどの大型のセミです。エゾという接頭語がつきますが，北海道から本州・四国・九州まで広く分布しています。この日，白神研究会の2010年度夏季観察会に参加し，鍋倉森で夏を謳歌しているエゾゼミに出あい，赤い複眼についつい惹きつけられカメラに収めました。エゾゼミは大木の樹幹に頭を下にして逆さに止まり鳴くと聞いていましたが，この日のエゾゼミは頭を上にして止まっていました。逆さに止まっていなくても鳴くようです……。

白神の森で出あった無脊椎動物（昆虫類）

エゾハルゼミの羽化に魅せられる

白神自然観察園にて　　2010年6月6日

　白神山地の初夏，白神の森はどこも
かしこもエゾハルゼミの鳴き声で満ち
溢れます。この日，午後9時半，白神
自然観察園のブナ林でエゾハルゼミの
羽化のシーンにめぐりあいました。夜
の帳の中でブナの樹幹にしがみついて
いる幼虫（若虫）が その殻を破っ
て，今まさにその姿を現しつつあるエ
ゾハルゼミ。背側中央辺りに突き出て
いる青緑っぽい三日月状のところが翅
になる部分です。新しい生命の誕生
シーンに感動しつつシャッターを押し
ました。ビデオカメラを持参していな
かったのが残念でしたが，感動のワン
ショットを撮れて心満たされた夜でし
た。愛しの君，短い夏を心ゆくまで謳
歌してネ……。

白神の森で出あった無脊椎動物（昆虫類）

冬虫夏草カメムシタケに初遭遇

大川支流川原沢にて

2011年8月6日

　冬虫夏草とは冬に地中で昆虫（セミやカメムシなどの幼虫）やクモなどに子嚢菌類（虫草菌）が寄生し，生きている宿主の体内で菌糸を伸ばして増殖し，夏に虫の殻を破って子実体として生えてくるキノコのことをいいます[11]。この写真の冬虫夏草の宿主はカメムシの仲間のようです。この写真は白神研究会の自然観察会があり，一緒に参加していた殿内暁夫弘前大学教授が見つけ，林床の枯葉の陰から先端部（子実体）が見えていたカメムシタケを宿主ごとそっと掘りだしたものです。子実体の先端はオレンジっぽい色ですが，あまり目立たないので，経験を積んだ人でなければ見つけるのはとても難しいものです。冬虫夏草は中国では古来より宮廷料理や薬膳料理に使われ高級食材として親しまれているとか……。とはいえ，どの冬虫夏草でも食べられるという訳ではなく，カメムシタケは食べられません[12]。

クサカゲロウの卵・優曇華の花

白神自然観察園にて　　　　　2011年8月6日

　クサカゲロウ科の昆虫を総称してクサカゲロウといいますが，クサカゲロウという和名の種もいます。本書では総称名としてのクサカゲロウとします。夜の帳が下りるころ，白神自然観察園のブナ林の中でクサカゲロウの卵に出あいました。1センチメートルほどの長さの髪の毛のように細い糸状の卵柄の先に，1ミリメートルにも満たない小さな卵がきれいに並んで暗闇の中に浮かび上がっていました。これがいわゆる"優曇華の花"といわれるもので，林の中を歩いていると葉の裏や長い柄の葉柄についているのを見かけることがあります。優曇華の花から孵化した幼虫はアブラムシやカイガラムシ，ハムシなどを食べ繭状の蛹となり，やがて成虫へと羽化します。

昼飛ぶ蛾・キンモンガ

(出典：弘前大学白神自然研究所編著『白神自然観察園の動物(1)概要編』弘前大学出版会発行 2011年)

白神自然観察園にて　　　　　　　　　　　　　　2009年7月23日

白神の森で出あった無脊椎動物（昆虫類）

　　白神自然観察園の遊歩道でトリアシショウマの白い花の上に止まっているひときわ目立つ見慣れない蝶を発見！と小躍りしたのですが，カメラを通してじっくり見るとアゲハモドキガ科のキンモンガでした。キンモンガは本州から九州まで広く分布し，低山地から山地にかけて生息する昼行性の蛾で，黒地に黄色い紋様が美しい蝶のような姿に改めて見惚れたものです。翅開帳3センチメートル弱。一般に蝶は昼行性で日中に吸蜜活動をし，蛾は夜に行動します。キンモンガは例外的で，日中に飛び回り，蜜を吸いにいろいろな花に集まり吸蜜し，紋様も蝶に似ているので，よく蝶に間違われるようです。

ミズアオガ属の仲間

白神自然観察園にて　　2010年6月6日

　ミズアオガ属にはオオミズアオとオナガミズアオが知られていますが，形態的にはお互いよく似ています。後翅の眼状紋や前翅の翅頂の形など識別点はいくつかありますが，この写真からは同定できませんでした。正確な同定には生殖器などを調べる必要があるようです。天女の羽衣のような青白色の美しい翅をもつ蛾です。

ナナスジナミシャク

白神自然観察園にて　　2010年9月30日

　しばしばブナ林で大発生する2センチメートルぐらいの小型の蛾で，幼虫はブナの実を食べ蛹となり，やがて蛹から成虫へと変態します。この日の白神自然観察園のブナ林は羽化の最盛期だったようで，ナナスジナミシャクの無数の大群が飛び交い，あたかも白い煙幕が揺れ動いているように見えました。

イカリモンガ

▼ ⚓ に似ている

大川林道にて
2010年10月6日

　先に紹介したキンモンガのように昼飛ぶ蛾で，花に止まる時は翅を閉じて止まるので "いかり（錨）" の紋様を確認しにくいのですが，たまたま翅を開きかけた瞬間が撮れました。翅を開いて止まれば，イラストに示したように左右の前翅両端にオレンジ色の錨紋様を確認できます。

コエビガラスズメの幼虫

白神自然観察園にて　2011年7月31日

　コエビガラスズメの幼虫は鮮やかな黄緑色のボディと体側に並ぶ紫と黒と白の斜めのラインがとても美しく，つい見惚れてしまいますが，明るくカラフルな幼虫からは想像もつかないほど成虫は地味な蛾です。

キアゲハ

藤里町横倉にて　　　　　　　　　2010年9月1日

　全国どこでも見られるお馴染みのアゲハチョウです。ナミアゲハ（単にアゲハともいう）とよく似ていますが，前翅の基部辺りがナミアゲハでは黄色と黒の細い縞模様が入り，キアゲハではこの縞模様がないので容易に見分けられます。

シータテハ

▼腹面側

大沢林道にて
2010年10月7日

　シータテハの"シー"とは何を意味するのだろうと，子供のころからずっと思っていましたが，やっとわかりました。それはイラストに示すように後翅腹面の真ん中辺りにあるアルファベットのC字型模様から来ているのだそうです[13]。この写真は背面なので見えませんが……。

アカタテハ

白神自然観察園にて　　　　　　　　　　　2010年10月7日

　　前翅背面中央に鮮やかな橙色の帯状紋様がある中型の
蝶で，アカタテハのアカはここからきています。前翅先端
は黒く，その中に白色の斑点が並んで見えます。あまり目
立たない蝶だという人もいますが，鮮やかな橙色と黒・白
のコントラストがとても美しく，この蝶を見つけるとわく
わくしてしまいます。秋になるとアザミやセイタカアワダ
チソウなどの花にやって来て吸蜜しているところをよく見
かけます。

コミスジ

八峰町八森にて　　　　　　　　2009年8月19日

　黒褐色の地に左右両翅にわたって3本の白い帯が走り，これが三の字に見えるのがミスジチョウの仲間で，この3本の白帯の紋様の違いによってコミスジとミスジチョウを区別できます[14]。矢印で示すように前翅背面（写真では左側）最前列の白帯の末端が細く尖っているのがコミスジのパターンです。

ミスジチョウ

大川源流鍋倉森にて　　　　　　2010年7月24日

　白帯が3本あり，コミスジとよく似ていますが，最前列末端の白帯の紋様が途中で途切れることがないのが，ミスジチョウのパターンです。

クジャクチョウ

砂川学習館の空き地にて　　　　　　　　　　　2010年7月18日

白神の森で出あった無脊椎動物（昆虫類）

　　前翅と後翅に計４個の大きな目玉模様（眼状紋）をもつ美しい蝶で，この目玉模様が孔雀の飾り羽を思わせることから"クジャクチョウ"という名前がついたのでしょう。翅を広げて地面や倒木などに止まっていることが多く，林道などで見かけた人もあるでしょう。成虫で越冬します。クジャクチョウはユーラシア大陸の温帯から亜寒帯域に広く分布する蝶で，その学名は*Inachis io*（*Inachis*は属名，*io*は種小名）です。日本産はその亜種とされ，亜種小名に*geisha*という語がつけられています（*Inachis io geisha*）。日本の芸者さんのようにあでやかで，赤を基調とする鮮やかな紋様を有するクジャクチョウは，私のお気に入りの蝶の１つです。

ルリタテハ

おおさわりんどう
大沢林道にて

2010年10月7日

　ルリタテハ属の一属一種の蝶で，濃い黒褐色の翅の周縁に沿って走る鮮やかな瑠璃色のラインが特徴です。林縁などで翅を広げて止まっているのをよく目にします。写真はアジサイか何かの葉に止まっているシーンですが，雑木林の林縁で老木の樹幹に止まって樹液を吸っている姿もよく目にします。

オオウラギンスジヒョウモン

白神自然観察園にて　　　　　　　　　　　　2010年9月30日

　黄色の地に黒っぽい斑紋（はんもん）が散らばる豹柄紋様（ひょうがらもんよう）をもつヒョウモンチョウの仲間です。ヒョウモンチョウの仲間はみな似（に）かよった紋様なのですぐには区別できず，筆者はいつも種名（しゅめい）がわからないまま写真に撮（と）り，パソコンに取りこみ画像（がぞう）を見ながら同定しています。これもまた楽しい作業で……。

オカトラノオの花で吸密するミドリヒョウモン（オス）

オカトラノオの花で吸<ruby>密<rt>きゅうみつ</rt></ruby>するミドリヒョウモン（オス）

白神の森で出あった無脊椎動物（昆虫類）

（出典：弘前大学白神自然研究所編著『白神自然観察園の動物(1)概要編』弘前大学出版会発行 2011年）

（オス）

<ruby>大沢林道<rt>おおさわりんどう</rt></ruby>にて

2009年7月23日

　ミドリヒョウモンはオス・メスともに橙色地に黒い線条や黒い斑紋が並ぶ豹紋の紋様を有していますが，後翅腹面が薄緑色を帯びているという特質があり"ミドリ"という名がついています。

　左の写真は，後翅の腹面が見えるアングルで撮ったミドリヒョウモン（オス）です。左前翅腹面の一部と左後翅腹面の全体が見えており，後翅が薄緑を帯びているのがわかります。

　右の写真は，背面から撮ったミドリヒョウモン（オス）です。

白神の森で出あった無脊椎動物（昆虫類）

性的二形を示すメスグロヒョウモン（オスとメス）

（オス）
大川林道にて
2010年8月18日

（メス）
白神自然観察園にて
2010年9月30日

白神の森で出あった無脊椎動物（昆虫類）

　性的二形とはオス・メスにかかわる二形性で，雌雄異体の動物において外部的に表れる形質が性によって異なる現象です。雌雄二形ともいいます。写真はどちらもメスグロヒョウモンで，典型的な性的二形を示し，オスとメスとで，翅の紋様が全く異なります。オスは一般的な豹紋の翅（写真上），メスは同種とは思えないほど紋様・色調が異なり，黒地に白帯の紋様の翅を有しています（写真下）。メスグロヒョウモンの"メスグロ"はメスの翅が黒っぽいことからつけられたものです。

ベニシジミ

白神自然観察園にて　　　　　　　　　　　　2010年10月7日

前翅周縁に黒褐色の縁取りがあり，赤橙色の地に黒い斑点が入るシジミチョウの仲間です。ベニシジミの"ベニ"は紅色ということで，前翅の翅の地が紅色ということから来ています。寒い地方では春と秋2回発生し，季節によって明るいオレンジ色の春型からレンガのような深い紅色の夏型に変化するという特性があり，秋になって現れるものは明るいオレンジ色になると言います[13]。秋に撮影した写真のベニシジミはまさに明るいオレンジ色ですので，秋に生まれた新生の個体でしょう。この明るいオレンジ色のベニシジミを見ると，気持ちも明るくなるようで私のお気に入りの蝶の1つです。

白神の森で出あった無脊椎動物（昆虫類）

カメノコテントウとクルミハムシの幼虫

砂川学習館の空き地にて

2010年7月9日

　かぶりついているのはカメノコテントウの若齢幼虫（矢印B）で，食べられているのはクルミハムシの幼虫（矢印A）です。クルミハムシの幼虫はもっぱらオニグルミの葉を食べ，カメノコテントウに襲われなければ，主脈と葉脈だけを残し食べ尽くします。

　近くの葉の上にはクルミハムシの蛹（矢印C）にありつこうと近づくカメノコテントウの終齢と思われる幼虫（矢印D）もいました。大きさ18ミリメートルほどの大変迫力のある幼虫です。カメノコテントウはよほどクルミハムシが好きなようで，クルミハムシの幼虫・蛹だけでなく成体すらも押さえつけて食べてしまいます。クルミハムシにとっては，カメノコテントウは最大の天敵といえるでしょう。

クルミハムシの蛹（抜け殻） クルミハムシの成虫

砂川学習館の空き地にて

2010年7月18日

クルミハムシの幼虫はオニグルミの葉を食い荒らし，やがてその葉の主脈にとりついて蛹となるようで，食い尽くされたオニグルミの葉の主脈に並んでぶら下がっている蛹やその抜け殻を見つけることがあります。奇妙奇天烈な姿をしているので，遠くから見ても一目瞭然です。

体長7〜8ミリメートル。前胸部両側の薄橙色の前背板がこの甲虫の特徴です。この個体は翅が艶々で傷や汚れがないので，羽化して間もない成虫のようです。

白神の森で出あった無脊椎動物（昆虫類）

カメノコテントウの蛹

食欲旺盛な幼虫はだんだん採餌量が減り，オニグルミの葉の上で固着したように動きがにぶくなり，やがて動きも止まって蛹になります。蛹サイズ8ミリメートル前後。近いうちに羽化がはじまるでしょう。

砂川学習館の空き地にて
2010年7月15日

カメノコテントウの羽化

上の写真から3日後，同じ場所を訪れると，すでに羽化して動きまわっている成虫もいました。写真の個体はまさに蛹の殻を破って羽化したばかりのピカピカの新生カメノコテントウです。

砂川学習館の空き地にて
2010年7月18日

白神の森で出あった無脊椎動物（昆虫類）

67

カメノコテントウの成虫

砂川学習館の空き地にて　　　　　　　　2010年7月18日

白神の森で出あった無脊椎動物（昆虫類）

　カメノコテントウの成虫がクルミハムシによってぼろぼろに食い荒らされたオニグルミの葉の上に止まっていました。艶々した翅で傷みや汚れもありません。カメノコテントウは体長1.2センチメートルほどの日本最大のテントウムシで，黒地に赤の独特の紋様があでやかでとても美しいテントウムシです。カメノコテントウは幼虫の時だけでなく，成虫になってからもクルミハムシの幼虫や蛹を襲い食べます。食肉性のカメノコテントウがどうしてこんなに食い荒らされたオニグルミの葉上で見つかるのか納得ですね。

オトシブミの揺籃

白神の森で出あった無脊椎動物（昆虫類）

白神自然観察園にて　　　　　　　　　2009年6月12日

　オトシブミ科に属する昆虫を総称してオトシブミといいますが，和名がオトシブミという種もいます。そのため単にオトシブミといった場合，総称名なのか和名なのか紛らわしいので，本書では総称名としてのオトシブミとします。オトシブミはオニグルミやサワグルミなどの葉を口器で裂き，巻きあげて揺籃（揺籠ともいう）を作るという特技を持ち，その中に卵を産み，卵からかえった幼虫はその揺籃を食べ蛹となり，やがて羽化します[15]。この揺籃の形が昔の文（巻き手紙）に似ていて，巻き手紙を恋人が通る道にわざと落とし拾ってもらい自分の思いを伝えたという故事と重ね合わせ，揺籃を作るグループを"落とし文（オトシブミ）"と呼ぶようになったようです[16]。ちなみに，揺籃は完成後親虫によってチョキンと切り落とされたり，葉にぶら下がったままの場合もあります。何とも神業のような技能をもつ味わい深い昆虫です。

　写真右上はオトシブミの1種の成虫です。このグループは種によって大きさが違いますが，7〜8ミリメートル程度の小さな昆虫です。

白神の森で出あった無脊椎動物（昆虫類）

オオアリ属の仲間

白神の森で出あった無脊椎動物（昆虫類）

白神自然観察園にて　　　　　　　　　　　　　2010年6月6日

　この日，陽が落ちようとする夕刻に白神自然観察園の大きな松の老木の根元で黒いアリの集団を見つけました。通常目にするような翅のないアリ（矢印Ａ）の他に大きさの異なる翅アリ※も交じっています。大きなサイズの翅アリ（矢印Ｂ）がメス，メスの半分くらいの小さい翅アリ（矢印Ｃ）がオスでしょう。青森県立郷土館元学芸員の山内智先生に見ていただいたら，"中胸や腹節の細部が見えないので種名まではわからないが，オオアリ属の仲間でしょう"とのことでした。アリは5月から6月にかけて生殖能力を持つ若いメスの翅アリとオスの翅アリが一斉に結婚飛行に飛び立ちます。一般にオスとメスの翅アリは結婚飛行中に空中で交尾をし，女王は一生産み続けるだけの精子を受け取ります。交尾したメスの翅アリは地上にもどりみずから翅を切り落とし新たな命の誕生に備え，オスの翅アリは交尾の後，命が燃え尽きるといいます[17]。

※羽アリと表記している文献が多いですが，一般的には翅のあるアリの総称であり，ここでは個々のアリないしは特定のアリを指しているので，翅アリと表記します。

ニホンザルのホウノキの食痕

広泰寺裏の雑木林にて

2010年10月19日

　森や山林などを散策すると，道すがら野生動物が残した足跡や糞塊，採食後の食痕などを目にすることがあります。動物が残したこのような痕跡をフィールドサインと呼びます。木の幹につけられたツキノワグマの爪痕，灌木につけられたニホンカモシカの"角擦り痕"などは典型的なフィールドサインで，その形状からそれを残した動物の種類を知ることができるのです。

　フィールドサインはそのサインを残した動物がそこで活動し生活している証となります（『白神自然観察園の動物（2）フィールドサイン』[18] より一部再掲）。

　写真左：広泰寺傍のホウノキの樹上で実を食べるニホンザル。

　写真右：ホウノキの下に落ちてきた食べ残しの実。このような食べ残しの実もフィールドサインの1つです。

フィールドサイン（食痕・糞・巣などの生活痕）

ニホンザルの糞

白神岳山頂登山道にて
2011年8月19日

白神自然観察園にて
2010年4月15日

　写真左：山頂付近で撮った1枚です。ニホンザルは夏季には草木の葉や芽・茎・花・果実などを食べます。白神岳山頂の尾根一帯はササやススキの原野で，その日は時間をかけてササの若葉などを食べたのか，糞が緑っぽくなっていました。タケノコも大好物のようで，タケノコが生える初夏のころの糞はもっと明るい若草色になります。

　写真右：冬季には繊維質の多い樹皮を多く食べるので，写真のように数珠玉ないしは串団子のようにつながった黒っぽい糞になることが多くなります。

ニホンリスによる雪上のクルミ食痕_{しょっこん}

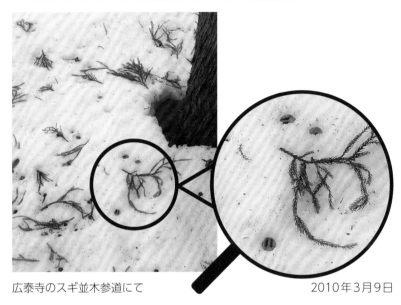

広泰寺のスギ並木参道にて　　　　　　　　　　　2010年3月9日

　　ニホンリスはオニグルミの実が大好物で，オニグルミの実を口にくわえスギの樹の上に作った巣に運び上げ，巣の上でクルミを割って種を食べます。実殻はそのまま下へ投げ落とすようで，スギの樹の根元にしばしば真ん中から半分に割れたクルミの殻が散らばって落ちていることがあります。見方を変えると，大木の根元に半分に割れたクルミの実がたくさん散らばっている場合，たいがいその樹の上にニホンリスの巣があるということです。

フィールドサイン（食痕・糞・巣などの生活痕）

ニホンリス・ニホンモモンガ・ムササビは鳥の巣穴（すあな）を利用する

白神自然観察園にて

2011年3月24日

　ウスヒラタケのようなキノコが生えているミズナラの樹に何かの巣穴があり，その中にスギの樹皮がつめ込まれているのが見えました（写真左）。巣穴の入口付近のキノコが少し踏みつぶされているので，どうやらこれはニホンリスやニホンモモンガなどのリス科の動物が空き家となったキツツキなどの巣穴を利用して自分の巣を作り始めたところのようです。

　同じ木の上の方にも巣穴がありましたが，こちら（写真右）は穴のまわりのキノコが多少埃っぽくなっているものの，ほとんど無傷のように見えるので，アカゲラなどのキツツキ類ないしはその他の小鳥の巣穴のようです。キツツキ類があけた穴が小鳥・リス・モモンガなどの巣穴になっていることはよくあることです。

白神自然観察園にて　　　　　　　　2010年8月22日

ニホンリス・ニホンモモンガ・ムササビなど
リス科の動物の巣材に使われるスギ樹皮

　リス科の動物はスギやヒノキの樹皮を剥ぎ，口でくわえて樹上の洞や樹枝上に運び上げ巣材として利用します。写真は巣材用に樹皮が剥ぎ取られたスギの木です。このように剥ぎ取られた木の上に，剥ぎ取り主の巣があることが多いです。巣の一番内側の，体に触れる部分は樹皮を口でさらに細かく糸のように引き裂いてふかふかの布団のようになっています。動物写真家の宮崎学さんのフォトエッセイ『森の動物日記』[19]に興味深い一文が載っていました。"もしかしたら，スギやヒノキの皮に含まれる「ヒノキチオール」のような殺菌物質で寄生虫や細菌から体を守り，最大限生活に利用していると考えて良いでしょう。"これはまさに"動物たちの住む森を動物の目線で見る"をコンセプトとする動物写真家の慧眼で，リス科の動物たちの生きる知恵は素晴らしいですね。

フィールドサイン（食痕・糞・巣などの生活痕）

アカネズミのクルミ食痕

大沢林道にて　　　　　　　　　　2010年8月18日

ニホンリスのクルミ食痕

白神自然観察園にて　　　　　　　2010年8月18日

　オニグルミが混生する森を歩くと，２つの穴が開いたクルミ（写真上）や縫合線に沿って半分に割れているクルミ（写真下）をしばしば目にします。前者はアカネズミがクルミに穴をあけて中の実（種）を食べたもので，アカネズミによる特有のクルミ食痕です。後者はリスのクルミ食痕で，鋭い前歯で縫合線に沿って割れ目を入れ半分に割って中の実を食べたものです。アカネズミはリスのようにはうまく割れないので，縫合線のところを門歯でひたすら削って穴をあけ，中の実をほじくり出して食べます。ほとんどの場合，縫合線上に２個，それぞれ反対側に穴があいています。ニホンリスやアカネズミには豊富にあるドングリなどを一時的に隠し溜めしておき，食べるものが少なくなった時に掘り起こして食べる“貯食”という行動が知られていますが，アカネズミがオニグルミを貯食したという話はあまり聞いたことがありません。筆者は2010年の夏，大沢林道の林でアカネズミのオニグルミ貯食を示唆する珍しい現場に遭遇しました。その現場の578個のクルミ食痕を調べたところ，27個は別なところに穴があいていて，穴が3個のものもありました。5％弱が異常なパターンで，これらに関しては門歯に何か不具合がある個体が残したものかもしれません。

フィールドサイン（食痕・糞・巣などの生活痕）

ニホンノウサギの糞

白神自然観察園にて　2009年12月13日　砂子瀬遺跡にて　　　　2010年9月7日

タヌキの溜糞

白神自然観察園にて　　　　　　　　2010年4月17日

ニホンテン高糞

大川の河原にて　　　　　　　　2011年10月20日

　ニホンノウサギの糞もわかりやすいフィールドサインの
1つです。糞の大きさは直径1センチメートルほどで，小
さい個体は小さめの糞となります。その形は饅頭型で，匂
いはほとんどありません。ニホンノウサギの食性は基本的
に植食性で，糞はほとんど繊維質です。冬季には餌となる
草本植物が枯渇し，樹木の小枝や樹皮などが採食のメイン
となるので，乾燥した明るい感じの糞となり（写真左），
雪のない時季には草の葉や茎，芽，イネ科植物など様々な
植物を食べるので，湿り気のある暗い感じの糞となります
（写真右）。

　タヌキにはニホンカモシカと同じように同じ場所で糞を
する溜糞という習性があります。この写真では何日か間を
空けた7〜8回分の溜糞が認められ，比較的新しい溜糞場
と思われます。時には回数を数えられないほどの大量の溜
糞が見つかることもあります。糞は古くなると黒っぽくな
るようで，下層の糞は黒っぽく，表層の比較的新しい糞は
明るい色具合を呈しています。

　ニホンテンは渓流の河原の大きな岩の上に糞をする習性
があるといわれており，一般に"テンの高糞"と呼んでい
ます。渓流を歩いて遡上すると，ここかしこにニホンテン
の高糞を見つけることができます。ニホンテンは雑食です
が，秋の時季にはいろいろな果実の種が混じっていること
が多く，食べた種の色を反映してカラフルな色の糞を見か
けることもあります。

ニホンイタチかニホンテンないしタヌキによるマルタニシ食痕

(出典：弘前大学白神自然研究所編著『白神自然観察園の動物(2)フィールドサイン』弘前大学出版会発行 2012年)

広泰寺池のほとりにて　　　　　　　　　　　　　　　　2010年8月22日

　広泰寺池のほとりで見つけたマルタニシ食痕。岸辺が干上がりかけている状態になっていたので，ニホンイタチ・ニホンテン・タヌキなども容易に獲物をくわえあげ，岸辺でご馳走にありついたのでしょう。この日は池のまわりでこのような食痕を3箇所見つけました。

ニホンカモシカの角擦り痕

白神自然観察園にて   2010年8月27日

　ニホンカモシカは北海道を除く本州，四国および九州に分布し，日本固有の哺乳類として国の特別天然記念物に指定されています。九州と四国など特定の地域の個体群は絶滅の恐れのある地域個体群として環境省レッドリストに指定されているところもあります[20]。

　青森県では生息数も多く青森県のレッドデータブックでは指定されていません[21]。白神自然観察園を歩いていると，写真のような細い木が何者かによって削ぎ取られているような痕跡を目にすることがあります。これはニホンカモシカが角で擦った"角擦り痕"で，そこに眼窩腺（目の下にある分泌物を出すところ）を擦りつけて匂いづけ（マーキング）をし，おのれの縄張りとしてつけた痕なのです。

フキの葉に描かれたハモグリバエの幼虫の不思議なアート

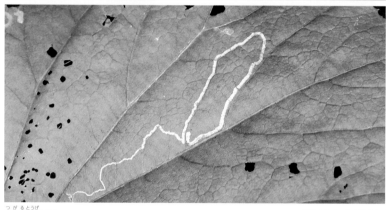

津軽峠にて

2010年8月6日

　ハモグリバエは特定の種の名前ではなく，ハモグリバエ科に属するハエ類の総称です。この仲間の幼虫はナス科やウリ科・マメ科などの野菜類，リンゴやモモ，カキなどの果樹の葉の内部に潜って葉肉を食害し，あたかも絵を描いたように白っぽい筋状の食痕を残します。食痕のルートは全くランダムで1つとして同じ絵柄の食痕はありません。このような特異な採食生態からエカキムシともいわれ，栽培農家からは農業害虫として嫌われています。

クルミハムシによるオニグルミの葉の食痕^{しょっこん}

すながわがくしゅうかん
砂川学習館の空き地にて　　　　　　　　　　　　2010年7月15日

　　クルミハムシの幼虫はオニグルミの葉が大好物なようで，オニグルミの葉は無数に発生した幼虫たちに葉の主脈^{しゅみゃく}と葉脈^{ようみゃく}を残してほとんどを食べ尽くされ，写真のようにぼろぼろの状態になります。幼虫は葉が食い尽くされるころ蛹^{さなぎ}になりやがて羽化^{うか}しますが，この写真では蛹^{さなぎ}はすべて羽化し，羽化殻^{うかがら}もほとんど残っていない状態です。

フィールドサイン（食痕・糞・巣などの生活痕）

ニホンザルの足跡

白神自然観察園にて　　　　　　　　　　2010年4月7日

▲手足の跡をよりわかりやすくしたイメージ図。

　中型や大型の哺乳類の足跡は指の肉球である指球と手の
ひらの肉球である掌球（後足の場合は足底球）の跡として
残ります。程よく湿った砂地や雪面上にはきれいな足跡が
残っていることが多く，種によっては爪の跡や尾の跡がつ
くこともあります。指球の跡と足底球の跡はその形や配置
が種によってそれぞれ異なり，その様態から足跡の主を判
定することができます。以下にいくつかの例を紹介しま
しょう。

　写真とイラストからわかるようにニホンザルの前足の跡
は後足の跡より小さく，ヒトの手のひらによく似ています
が，後足の跡はヒトのそれとは違い，親指が他の４本の指
と離れて横に飛び出るように大きく突き出ます。これは猿
の仲間だけに見られる特徴です。このように前足の手の
全面と後足の全面（踵まで）を地面につけて歩く歩き方を
蹠行性歩行といいます。

　白神山地にはいくつかのニホンザルの群れがすんでいる
とされていますが，正確な群れ数を示した記録はありませ
ん。たいがいは十数頭から数十頭の群れで遊動します。白
神自然観察園の一帯も遊動コースになっているようで，四
季を問わず餌を求めて遊動している群れに出あうことがあ
ります。雪の時季，降雪の後，晴れ上がった後の遊動など
ではニホンザルの足跡がくっきりと残っていることが多
く，白神自然観察園から美山湖の周辺，さらにその下流辺
りでも足跡を見ることがあります。

アカネズミの足跡

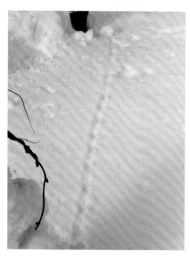

白神自然観察園にて

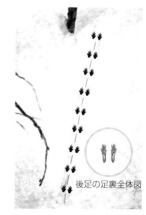

後足の足裏全体図

▲わかりやすくするため，足跡と尾を引きずった跡を示したイメージ図（雪上の歩行でははっきりとは観察されません。）

2012年1月18日

フィールドサイン（雪上の足跡）

　冬真っただ中のこの日，とある灌木の根元から白神自然環境研究センター教育棟の方へまっすぐ点々と続く小さな動物の足跡を見つけました。これはアカネズミの足跡で，この写真ではペアになった足跡が10センチメートル前後の間隔で続いています。アカネズミは基本的に左右の前足と左右の後足をそれぞれ揃えてつま先立ちで跳躍歩行します。この歩行では先ず前足が左右横並びで雪の上に着地し，直後に，後足が前足の跡に重なるように着地します。この後足の着地と同時に前足が次の跳躍に向けて跳ね上がるのです。そのため前足の跡は見えなくなり，後足の跡だけが点々と続いて見えることになります（写真・イラスト）。それらの足跡を連結するように見えるたて筋がついています。アカネズミは8〜14センチメートルの頭胴長に対して尾長が7〜13センチメートルもあるので，このように長い尾を引きずった跡がついてしまうのです。

ヒメネズミの足跡

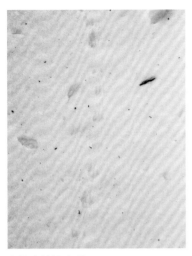

白神自然観察園にて

▲わかりやすくするため，足跡と尾を引きずった跡を示したイメージ図（雪上の歩行でははっきりとは観察されません）。

2012年2月22日

　ヒメネズミも跳躍歩行型で，その足跡はアカネズミのそれとよく似ています（写真・イラスト）。ただ，ヒメネズミの頭胴長は6.5〜10センチメートルで，尾率（頭胴長に対する尾長の割合）100％以上の非常に長い尾を有しているので，アカネズミと同じように尾を引きずった跡がつきます。ちなみにアカネズミの尾率は100％には達しません。頭胴長の違いも足跡に反映され，ヒメネズミの歩幅はアカネズミのそれより短くなります。この写真の歩幅は6〜7センチメートルくらいですので，これはヒメネズミの足跡ということになります。

フィールドサイン（雪上の足跡）

ニホンノウサギの足跡

白神自然観察園にて

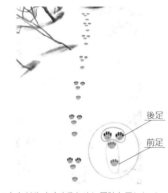

後足
前足

▲わかりやすくするために足跡を示したイメージ図（雪上の歩行でははっきりとは観察されません）。

2010年3月17日

ニホンノウサギの歩行は先に着地した前足の前方に後足が着地する跳躍歩行型で，進行方向に縦に並んだ2つの足跡が前足のもので，その先に横に並んだ2つの足跡が後足のものです。したがって，この写真は手前から奥の方に向かっている足跡ということになります。この歩行の動態は，先ず前足が前後縦に並んで着地し，次にこの縦並びの前足跡の前方に後ろ足が横並びで着地する，と説明されます。積雪や雪質などがうまく合えば，前足後足の足跡にそれぞれ4本の指の跡をみることもあります（イラスト）。

ニホンリスもニホンノウサギと同じ跳躍歩行型ですが，足跡のパターンが明らかに異なり，先に着地する前足を左右そろえて着地し，その直後前足の跡の先に後足が少し幅を広げて着地するため，前足をかなめとする扇形の足跡になります[18]。ニホンノウサギの足跡は白神山地に限らず，積雪期の山に行くとよく目にするフィールドサインです。

あとがき

　私が動物の生態写真を意識するようになったのは弘前大学を定年退職し，白神の森をめぐり歩くようになってからで，とりあえず目に留まった動物はなんでも撮っておこうという思いではじめたものです。動物の生態写真に凝っていたということではなく，ただ公務からの解放感で一眼レフカメラで気のむくままに撮っていただけでした。したがって，撮れた写真はそれなりのものでしかありませんが，あまり時間を気にせず歩きまわれたのがよかったのか，仙台へ転居するまでの3年半ほどの間にさまざまな動物たちにめぐりあうことができました。

　現在，九州は久留米市の住人ですが，"ふるさとは遠きにありて思ふもの……"という室生犀星の詩を思い出し津軽の里や白神の山々への思いがつのり，いつしか白神の森で撮っていた動物たちの写真ファイルを開いては何度となく見返していました。そうこうしていた2020年春，「白神山地の動物たちの写真をホームページに載せては……」と勧めてくれたのが教え子の多田政子東邦大学教授で，これを契機にホームページの作成に取り組み，その年の秋，自分のホームページを開設しました[22]。本書はこのホームページをベースにしており，彼女の勧めとWeb制作のテクニカルな援助がなければ本書の出版も叶わなかったもので，改めて感謝致します。また，白神の山々をあちこち歩きまわれたのは佐々木長市弘前大学教授をはじめ，中村剛之先生ほか白神自然環境研究センタースタッフの皆さんの温かいお力添えによるところが大きく，ここに記して御礼申し上げます。なお，本文中にお名前を挙げさせていただきましたが，種の同定でお世話になりました殿内暁夫先生，奈良岡弘治先生，鶴崎展巨先生，山内智先生に改めて御礼申し上げます。

　最後に，本書の編集にあたり一方ならぬお力添えをいただいた柏木明子編集長および西塚誠編集員，出版会事務局の阿部恵美様に心より感謝申し上げます。また，イラストを担当していただいた植田工様に心より感謝申し上げます。

参考文献 /URL

1） https://shirakami.jimdofree.com/ 世界遺産白神山地-青秋林道計画-遺産登録になるまで/（参照日 2022 年 11 月 18 日）

2） 青森県自然保護課（2004）『白神山地の自然』青森県

3） https://tohoku.env.go.jp/nature/shirakami-sanchi/conservation/conservation.html#:~:text=（参照日 2022 年 11 月 18 日）

4） 根深誠（2011）『世界遺産白神山地自然体験・観察・観光ガイド』七つ森書館

5） 牧田肇監修・江川正幸写真（1993）『白神山地 SHIRAKAMI』株式会社青森銀行

6） https://www.nishimeya.jp/shirakami/shisetsu/shisetsu-info/post-109.html（参照日 2022 年 11 月 18 日）

7） 真木広造（2013）『名前がわかる野鳥大図鑑』永岡書店

8） https://ja.wikipedia.org/wiki/ スズメ目（参照日 2022 年 11 月 18 日）

9） 弘前大学白神自然環境研究所（2011）『白神自然観察園の動物（1）概要編』弘前大学出版会

10） 朝日稔・岡村はた・十亀好雄・富川哲夫・前田米太郎・室井綽（1982）『図解動物観察事典』地人書館

11） https://monolith-japan.com/know（参照日 2022 年 11 月 18 日）

12） 弘前大学白神自然環境研究所（2011）『白神自然観察園のきのこ（1）』弘前大学出版会

13） 江崎悌三・横山光夫（1964）『原色日本蝶類図鑑 増補版』保育社

14） https://www.j-nature.jp/butterfly/zukan/yokunita/misuji.htm（参照日 2022 年 11 月 18 日）

15） https://ja.wikipedia.org/wiki/ オトシブミ（参照日 2022 年 11 月 18 日）

16） http://www.sanin.com/site/page/daisen/institution/morinokuni2/communication/tanken/otoshibumi/（参照日 2022 年 11 月 18 日）

17） https://ja.wikipedia.org/wiki/ 結婚飛行（参照日 2022 年 11 月 18 日）

18） 弘前大学白神自然環境研究所（2012）『白神自然観察園の動物（2）フィールドサイン』弘前大学出版会

19） https://fireside-essay.jp/miyazaki/ 宮崎学フォトエッセイ・森の動物日記（参照日 2022 年 11 月 18 日）

20） https://ja.wikipedia.org/wiki/ ニホンカモシカ（参照日 2022 年 11 月 18 日）

21） 青森県レッドデータブック改訂検討会（2020）『青森県の希少な野生生物 ─青森県レッドデータブック（2020 年版)』青森県

22） https://www.yobara.net/（参照日 2022 年 11 月 18 日）

付表1. 白神の森で出あった脊椎動物一覧

綱 名	科 名	種 名	ページ番号	出あい（写真撮影）の場所＊
哺乳綱	オナガザル科	ニホンザル	10，12-13，72，74，88	①，②，③，④
	リス科	ニホンリス	75，76，78，80	①，⑤
		ニホンモモンガ	76，78	①
		ムササビ	76，78	①
	ヤマネ科	ヤマネ	14-15	①
	ネズミ科	アカネズミ	80，90	①，②
		ヒメネズミ	91	①
	ウサギ科	ニホンノウサギ	82，92	①，⑥
	イヌ科	タヌキ	82，84	①，⑧
	イタチ科	アナグマ	16	⑪
		ニホンテン	82，84	⑧，⑩
		ニホンイタチ	84	⑧
	ウシ科	ニホンカモシカ	85	①
鳥 綱	タカ科	ノスリ	17	②
	カワガラス科	カワガラス	18	⑬
	アトリ科	カワラヒワ	19	①
爬虫綱	トカゲ科	ニホントカゲ	20	⑭
	カナヘビ科	ニホンカナヘビ	22	⑩
	ナミヘビ科	ジムグリ	24	⑦
	クサリヘビ科	ニホンマムシ	26	⑮
両生綱	サンショウウオ科	クロサンショウウオ	28	⑧
		ハコネサンショウウオ	30	⑯
	ヒキガエル科	アズマヒキガエル	32	⑰
	アマガエル科	ニホンアマガエル	34	⑱
	アカガエル科	ヤマアカガエル	35	⑰
	アオガエル科	モリアオガエル	36	⑧

＊丸囲み数字はp.4，p.5の地図上にプロットした写真撮影地点と符合します。

付表2. 白神の森で出あった無脊椎動物一覧

綱　名	科　名	種　名	ページ番号	出あい(写真撮影)の場所*
腹足綱	タニシ科	マルタニシ	84	⑧
クモガタ綱	カワザトウムシ科	オオナミザトウムシ	38	⑩
昆虫綱	イトトンボ科	アジアイトトンボ	40	㉑
	オニヤンマ科	オニヤンマ	41	⑧
	トンボ科	マユタテアカネ	42	⑱
		ナツアカネ	43	①
	セミ科	エゾゼミ	44	⑲
		エゾハルゼミ	46-47	①
	カメムシ科	カメムシの仲間	48	㉒
	クサカゲロウ科	クサカゲロウ	50	①
	アゲハモドキガ科	キンモンガ	51	①
	ヤママユガ科	ミズアオガ属の仲間	52	①
	シャクガ科	ナナスジナミシャク	52	①
	イカリモンガ科	イカリモンガ	53	⑫
	スズメガ科	コエビガラスズメ	53	①
	アゲハチョウ科	キアゲハ	54	⑨
	タテハチョウ科	シータテハ	54	②
		アカタテハ	55	①
		コミスジ	56	⑱
		ミスジチョウ	56	⑲
		クジャクチョウ	57	㉓
		ルリタテハ	58	②
		オオウラギンスジヒョウモン	59	①
		ミドリヒョウモン (オス)	60	②
		メスグロヒョウモン (オス)	62	⑫
		メスグロヒョウモン (メス)	62	①
	シジミチョウ科	ベニシジミ	63	①
	ハモグリバエ科	ハモグリバエ	86	⑳
	テントウムシ科	カメノコテントウ	64, 66, 67	㉓
	ハムシ科	クルミハムシ	64, 65, 87	㉓
	オトシブミ科	オトシブミ	68	①
	アリ科	オオアリ属の仲間	70	①

＊丸囲み数字はp.4，p.5の地図上にプロットした写真撮影地点と符合します。

著者略歴

小原　良孝
（おばら　よしたか）

1967年	弘前大学文理学部理学科卒業
1969年	北海道大学大学院理学研究科修士課程（動物学専攻）修了
1971年	北海道大学大学院理学研究科博士課程（動物学専攻）休学・Roswell Park Memorial Institute, USA 研究員（〜1974年）
1974年	北海道大学大学院理学研究科博士課程退学・弘前大学理学部助手
1975年	理学博士（北海道大学）
1977年	弘前大学理学部助教授
1992年	弘前大学理学部教授
1997年	弘前大学農学生命科学部教授・岩手大学大学院連合農学研究科教授
2009年	弘前大学定年退職・弘前大学名誉教授

主要著書

『現代の哺乳類学』第2章 進化と核型，pp.23-44.（朝日稔・川道武男 編）1991（朝倉書店）

『白神山地の自然』第4章 哺乳類，pp.49-65. 2004（青森県自然保護課）

『青森県の稀少な野生生物－青森県レッドデータブック（2010年改訂版）－』(3) 脊椎動物，1) 哺乳類，pp.166-180.（分担執筆）2010（青森県自然保護課）

『白神学入門』白神山地のけものたち－小型哺乳類を中心に－, pp.52-57. 2010（弘前大学出版会）

『弘前大学 知の散歩道』白神に魅せられし人々，pp.11-22. 2012（弘前大学出版会）

『岩木山を科学する』岩木山の哺乳類－小型哺乳類を中心に－,「岩木山を科学する」刊行会編，pp.130-149. 2014（北方新社）

『岩木山を科学する2』岩木山の希少ないきものたち（分担執筆），「岩木山を科学する」刊行会編，pp.109-133. 2015（北方新社）

『染色体から見える世界 哺乳類の核型進化を探る』小原良孝監修（小原良孝・多田政子・小野教夫・押田龍夫・岩佐真宏・川田伸一郎 著），pp.1-388. 2018（東海大学出版部）

白神どうぶつ讃歌
〜白神の森で出あった動物たち〜

2023年3月10日　初版第1刷発行

著者　写真	小原　良孝（おばら　よしたか）
表紙デザイン	弘前大学教育学部佐藤光輝研究室
	孫　吉良（そん　きりょう）
挿　　絵	植田　工（うえだ　たくみ）

発行所　弘前大学出版会 HUP
〒 036-8560　青森県弘前市文京町1
Tel.0172-39-3168　Fax.0172-39-3171
印刷・製本　やまと印刷株式会社

ISBN 978-4-910425-05-4